U0306044

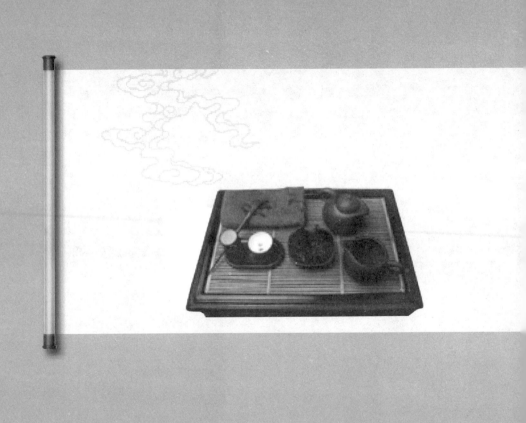

茶馆文化

◎ 主编 金开诚

◎ 编著 金东瑞

吉林出版集团有限责任公司

吉林文史出版社

图书在版编目（CIP）数据

茶馆文化 / 金开诚著 . 一长春：吉林文史出版社，
2011.10（2022.1重印）
（中国文化知识读本）
ISBN 978-7-5472-0868-7

Ⅰ . ①茶… Ⅱ . ①金… Ⅲ . ①茶 – 文化 – 中国 Ⅳ .
① TS971

中国版本图书馆 CIP 数据核字（2011）第 208883 号

茶馆文化

CHAGUAN WENHUA

主编 / 金开诚 编著 / 金东瑞

项目负责 / 崔博华 责任编辑 / 崔博华 李延勇

责任校对 / 李延勇 装帧设计 / 李岩冰 董晓丽

出版发行 / 吉林文史出版社 吉林出版集团有限责任公司

地址 / 长春市人民大街4646号 邮编 /130021

电话 /0431-86037503 传真 /0431-86037589

印刷 / 三河市金兆印刷装订有限公司

版次 /2011 年 10 月第 1 版 2022 年 1 月第 3 次印刷

开本 /650mm×960mm 1/16

印张 /9 字数 /30千

书号 / ISBN 978-7-5472-0868-7

定价 /34.80元

编委会

前　言

　　文化是一种社会现象，是人类物质文明和精神文明有机融合的产物；同时又是一种历史现象，是社会的历史沉积。当今世界，随着经济全球化进程的加快，人们也越来越重视本民族的文化。我们只有加强对本民族文化的继承和创新，才能更好地弘扬民族精神，增强民族凝聚力。历史经验告诉我们，任何一个民族要想屹立于世界民族之林，必须具有自尊、自信、自强的民族意识。文化是维系一个民族生存和发展的强大动力。一个民族的存在依赖文化，文化的解体就是一个民族的消亡。

　　随着我国综合国力的日益强大，广大民众对重塑民族自尊心和自豪感的愿望日益迫切。作为民族大家庭中的一员，将源远流长、博大精深的中国文化继承并传播给广大群众，特别是青年一代，是我们出版人义不容辞的责任。

　　本套丛书是由吉林文史出版社组织国内知名专家学者编写的一套旨在传播中华五千年优秀传统文化，提高全民文化修养的大型知识读本。该书在深入挖掘和整理中华优秀传统文化成果的同时，结合社会发展，注入了时代精神。书中优美生动的文字、简明通俗的语言、图文并茂的形式，把中国文化中的物态文化、制度文化、行为文化、精神文化等知识要点全面展示给读者。点点滴滴的文化知识仿佛颗颗繁星，组成了灿烂辉煌的中国文化的天穹。

　　希望本书能为弘扬中华五千年优秀传统文化、增强各民族团结、构建社会主义和谐社会尽一份绵薄之力，也坚信我们的中华民族一定能够早日实现伟大复兴！

目录

一、茶馆文化漫谈

（一）茶之文化

1. 唐代茶文化

从《封氏闻见记·卷六·饮茶》中我们可知，在唐代茶文化形成的过程中，饮茶是由寺庙僧人开始的。僧人参禅务于不寐，同时品茶又有助于参禅，通过品茶悟得"茶禅一味"。而当文士在其内在的佛心禅思的驱动下，在与僧人交往参禅悟道的过程中也品得了茶味时，他们便会

写下这种感受，用自己的诗文对茶进行赞美和歌咏。纵观整个唐代茶诗，其中不乏有赞茶诗和咏茶诗的名作，这其中更表现了文士的爱茶之趣、煮茶之趣和饮茶之趣。

诗僧皎然赞茶时说"此物清高世莫知"，茶在文士中的地位更是被拟人化，提高到了一位谦谦君子的高度。"洁性不可污"的茶在文士的笔下得到了全方位的赞扬与肯定，文士的参与也成为茶文化繁荣的重要因素之一。杜牧在诗《题茶山》中赞茶"山实东吴秀，茶称瑞草魁"。文士爱茶，同样在尝茶后要从各个方面来赞茶，文士首先接触的是茶的本味，也就是在尝茶的过程中首先开始喜欢上茶及茶的品质。所以文士在诗歌中一般会首先从茶味的赞咏中来表达自己的爱茶之趣，在诗歌中文士会极度赞咏茶之本味和功效。最终通过艺术化的手法对茶味进行赞咏，从而获得一种文士的雅趣。

其次，在尝得茶之本味并对茶味进行赞咏后，文士便由尝茶转而开始亲自种茶，其中也有对茶树的喜爱之情，通过种茶来体现自己的爱茶之趣。再次，茶有优劣之分，文士往往都喜欢名茶，而水对茶味之香也有重要的作用。陆羽就很重视水对茶的作用，他在《茶经·五之煮》中提出"其水，用山水上，江水中，井水下"。因此文士在赞咏名茶时也对水进行赞咏。最后，茶具也是品茗时不可或缺的组成部分，文士也通过对茶具的赞咏来体现自己的爱茶雅趣。

纵观中国的饮茶历史，我们知道饮茶法有煮、煎、点、泡四类，形成茶艺的有煎茶法、点茶法、泡茶法。而从茶艺方面来说，中国茶道先后产生了煎茶道、点茶道、泡茶道三种形式。依唐代历史发展而言，中唐前是中国茶道的"酝酿期"，中唐以后，饮茶成风，比屋连饮。肃宗、代宗时期，陆羽著《茶经》，奠定了中国茶

道的基础。而后又经皎然、常伯熊等人的实践、润色，形成了"煎茶道"，虽然煎茶道是后来的茶道形式的一种，但是在唐代有煮茶之说，亦有煎茶之论。由于煎茶成为茶道形式，所以在此我们主要以煎茶之说为主，但也有必要介绍一下煮茶之法。

《茶经·六之饮》说："饮有粗茶、散茶、末茶、饼茶者。"茶类不同，其饮用的方式自然也不相同。不过众所周知，唐代最盛行的还是饼茶，其饮用方式是煮茶法，即烹茶。因为是饼茶，所以具体步骤是先将茶饼烘烤去掉水分，后磨碎筛成粉末，再放到锅里煮成茶汤饮用。关于煮茶的详细记载见于《茶经·五之煮》："其沸，如鱼目，微有声，为一沸；缘边如涌泉连珠，为二沸；腾波鼓浪，为三沸；已上，水老，不可食也。初沸，则水合量……第二沸，出水一瓢，以竹箸环激汤心，则量末当中心，而下有顷势若奔涛，溅沫以所出水止之，而育其华也。"这是陆羽在记载具体煮茶的步骤，煮茶过程

要注意三沸。也就是水刚烧开时，水面出现像鱼眼一样大小的水珠并微微发出响声，称之为一沸，此时要加入一勺盐调味。当锅边水泡如涌泉连珠时称为二沸，此时要舀出一瓢水用。再用竹筴在锅中搅打使开水呈旋涡状，然后将茶粉从旋涡中心倒进去。一会儿锅中茶水"腾波鼓浪"时称为三沸，此时要将刚才舀出来的那瓢水再倒入锅里，茶汤就算煮好了，将它舀进茶碗里便可奉客饮用。

简单的煮茶过程在陆羽的笔下被描绘得如此的艺术化，煮茶也成为了一项艺术。"诗必有所本，本于自然；亦必有所创，创为艺术。自然与艺术结合，结果乃在实际的人生世相之上，另建立一个宇宙，正犹如织丝缕为锦绣，凿顽石为雕刻，非全是空中楼阁，亦非全是依样画葫芦。诗与实际的人生世相之关系，妙处惟在不即不离。惟其'不离'，所以有真实感；惟其'不即'，所以新鲜有趣。"也正因为煮茶过程是如此的艺术化，乃至文士在品茶的时候往往也是以亲自煮茶为一种艺术享受。同时由于场景的迥异可以给文士不同的艺术享受，因此他们在室内、庭院煮茶；甚至躬身于山林泉边、松下江畔的自然环境中来亲自煎茶，并且在煮（煎）茶的过程中充分领略煮（煎）茶带来的精神享受，倾听水煮沸的声音和观赏煮（煎）茶而起的茶沫，进而用自己的诗歌来艺术化。这些都是文士雅意情趣的表现，反映了他们所追求的一种文人意趣。

饮茶对于一般百姓来说是日常生活中的一部分，而对文士来说则是其休闲生活的一部分。陆羽在《茶经·六之饮》中说："天育万物，皆有至妙，人之所工，但猎浅易。所庇者屋，屋精极；所著者衣，衣精极；所饱者饮食，食与酒皆精极。"这也就是说，人们对衣食住行都要讲究精极的情趣，显然陆羽认为饮茶的

过程也应该是有情趣的，也要讲究精神享受。投身于自然环境中来饮茶对于文士来说往往是偶尔为之，大部分文士还是在庭院屋内的人文环境中饮茶。酒醒之后、案牍之余，文士为解乏，清神便会在日常生活中独坐窗前屋下静心品茶，独自品饮茶中香味，享受午后片刻的安宁，这其中不乏有一种享受生活、追求雅静的意趣。

2. 宋代茶文化

宋代是中国文化史发展的最高阶

段，也是茶文化发展的鼎盛时期。我国历来就有"茶兴于唐，而盛于宋"的说法。宋代茶文化兴盛，茶成为宋代上至帝王将相，下至乡间庶民日常生活中不可或缺的饮品。以茶待客、以茶为媒等茶礼茶俗自宋代开始流行起来。同时，茶作为一种题材，广泛地进入文人的创作领域，诗歌自不必说，在词、赋、序、论等各种文体中，均能见到关于茶的记叙或论述。

宋代在赢得相对安定的政治环境后，在经济方面得以持续发展，其商品经济的发达程度甚至超越了唐代。坊市制度被打破，商业大都市形成，商业活动活跃，商品意识不仅在社会中滋生蔓延，更渗透到文化领域，影响着文学艺术的发展。《东京梦华录》里这样描绘当时的大都会东京："举目则青楼画阁，绣户珠帘，雕车竞驻于天街，宝马争驰于御路，金翠耀目，罗绮飘香。新声巧笑于柳陌花衢，按管调弦于茶坊酒肆。八荒争凑，万国咸通。集四海之珍奇，皆归市易。"在北宋词人柳永笔下杭州是这样一番繁华景象："东南形胜，三吴都会，钱塘自古繁华。烟柳画桥，风帘翠幕，参差十万人家。云树绕堤沙，怒涛卷霜雪，天堑无涯。市列珠玑，户盈罗绮，竞豪奢。"周邦彦笔下的元宵节时大都会的热闹繁华景象更是非同寻常："风销焰蜡，露浥烘炉，花市光相射。桂华流瓦。纤云散，耿耿素娥欲下。衣裳淡雅。看楚女、纤腰一把。箫鼓喧、人影参差，满路飘香麝。因念都城放夜。望千门如昼，嬉笑游冶。钿车罗帕。相逢

处、自有暗尘随马。年光是也。唯只见、旧情衰谢。清漏移，飞盖归来，从舞休歌罢。"从这些侧面我们可以看出宋代商品经济的繁盛，城市的发达。

茶肆、茶坊、茶店在宋代大城市极为常见，是城市商品经济发达的产物。"大茶坊张挂名人书画，在京师只熟食店挂画，所以消遣久待也。今茶坊皆然。冬天兼卖擂茶，或卖盐豉汤，暑天兼卖梅花酒。"除茶肆、茶坊这些固定的饮茶店铺外，还有一些流动的摊贩，诸如"至三更方有提瓶卖茶者。盖都人公私荣干，夜深方归也"，"更有提茶瓶之人，每日邻里，互相支茶，相问动静"，"巷陌街坊，自有提茶瓶沿门点茶，或朔望日，如遇吉凶二事，点送邻里茶水，倩其往来传语"。以上反映了宋代民间饮茶的风尚。两宋时，由于饮茶风气的兴盛，百姓庶民对茶叶的需求不断扩大，客观上刺激了茶叶商品生产的发展。

　　值得一提的是，宋代自开国君主太祖开始，历任君王无不爱茶、嗜茶，宋徽宗赵佶更是点茶斗茶的行家里手，徽宗不仅热衷于参与茶事活动还亲自撰书，其《大观茶论》一书对宋代点茶之法做了详细的论述，与蔡襄的《茶录》共同描绘出了宋代点茶法的全貌。宋代帝王对茶文化的影响主要通过贡茶和赐茶来体现。我国古代贡茶，有两种形式：一种是地方官员自下而上选送的，称为土贡；另一种是由朝廷指定生产的，称贡焙。两宋时由于皇帝嗜茶，佞臣为投其所好"争新买宠"，挖空心思创制新的贡品茶，这一劳民伤财的做法虽为人们所诟病，却在客观上促进了宋代茶业的发展。贡茶的惯例在北宋建国初沿袭下来，得到了长足发展，出现了北苑官焙茶园。北苑茶兴于唐，盛于宋，历经唐、宋、元、明四个朝代，在我国茶叶史上影响巨大，特别是在宋代，北苑贡茶穷极精巧，其团茶加工工艺达到了登峰造极的境界。"太平兴国初，特置龙凤模，遣使即北苑造团茶，以别庶饮，龙凤茶盖始于此。"北宋太平

兴国初年，朝廷派遣使臣在北苑刻制有龙凤图案的模型，制成龙凤团茶，专供皇帝皇后饮用。蔡襄在任福州转福建路转运使时，添创了小龙团茶。蔡襄之后，宋代贡茶开始往更加精细的方向发展，小龙团之后，密云龙、瑞云祥龙、龙团胜雪……茶叶越来越细嫩，茶饼越来越小巧，茶饼上的图案越来越精致。宋代不仅贡茶的质量不断提高，北苑官焙茶园的贡茶量也持续增加。据《宣和北苑贡茶录》记载："然龙焙初兴，贡数殊少，累增至元符，以片计者一万八千，视初已加数倍，而犹未盛。今则为四万七千一百片有奇矣。"宋代贡茶数量较多，因此帝王手中掌握着大量质量上等的茶叶，宋代帝王为表皇恩浩荡及爱才惜才之情，常将贡茶赐予文人士大夫、军士武将或僧侣庶民。《七宝茶》载："啜之始觉君恩重，休作寻常一等夸。"对宋代士人来说，能够得到皇帝赏赐的茶无疑是一种至高无上

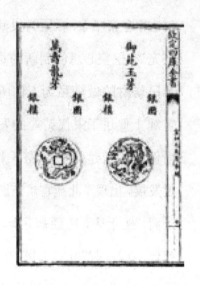

的荣耀。上有所好，下必甚焉，茶叶由于宋代帝王的推崇进入了寻常百姓家，宋代茶文化经过帝王的推波助澜进一步精细化、艺术化、理论化，使得茶不仅是百姓日常生活中不可或缺的饮品，更是文人士大夫诗意生活中必不可少的生活元素。

通过对中国茶文化发展脉络的梳理和对宋代茶文化兴盛的表现及原因的分析，我们可以看出宋代茶文化发展的独特之处，即宫廷茶文化和市民茶文化的兴盛，宫廷茶文化使得宋代茶业经济更加繁盛，茶叶更加精细尊贵，市民茶文化则主要把饮茶作为社会交际、增进感情的方式，而连接宫廷与市民两极，真正引领宋代茶文化潮流的则是文人士大夫，他们对茶文化的贡献在于真正将茶与艺术、茶与人生结合起来，并在品茗中渗透着宋代士大夫的意识。

3. 禅茶文化

吴言生教授指导的《中国禅茶文化

的渊源及流变》一文，较为详尽地向我们
阐释了禅茶文化由始而兴的发展过程，是
较为详细的一篇介绍。而我们回过头来
看茶在中国的发展史，饮茶之风得以盛
行，确与佛教在中国的发展有着紧密的关
联：佛教僧人坐禅、饮茶，以茶参禅，并
最终将茶引入了参禅开悟的精神领域。
茶不仅是僧人解渴提神的饮品，还成为
其日常修行的一个组成部分；而禅则赋
予了茶更为深刻的禅理含义。如果说茶
神陆羽《茶经》的问世令茶由饮而艺，禅

与茶的融合则更进一步，令茶由艺而道，最终茶禅一味，形成了禅茶文化。原江西省历史学会会长姚公骞先生有一段话与此暗合："有禅风之兴，方有茶风之盛，加上诗人骚客士大夫辈的赏会品评推波助澜，才把中国的茶文化推到了一个新的高度。盖禅门空寂，而空寂过度，则违反生理自然规律，令人不耐，遂不得不借茶提神，破其岑寂；而世途烦嚣，诗人士大夫久处其间，则又不耐其扰，遂亦不得不

往游禅林，借茶求静，暂解尘网。一个要静极求醒，寂中得趣；一个要闹极思静，忙里偷闲。两个看来颇为矛盾的心理要求，却在饮茶一道上，互相统一了起来，彼此的心理上都得到了平衡，也都得到了满足，于是乎茶文化便由此而更加兴盛起来。"

关于佛教僧侣饮茶的最早记载，可以追溯到到晋代时期。据记载，东晋僧人单道开，敦煌人，俗姓孟。少怀隐遁之志，诵经四十余万言。仅食柏实、松脂、

细石子等物，时复饮茶苏一二升而已。山居行道，不食谷物，不畏寒暑，昼夜不卧。一日能行七百里。寿百余岁。有人认为，"茶苏"是茶和紫苏调制的饮料，能够起到提神少睡的作用。这条记载说明，佛教僧人打坐之时已开始用茶。单道开饮茶，是与其他药物同时服用，是与道家服饮之术相类似的，可见当时的佛教还是受道教药石观念影响。但单道开打坐昼夜不眠，因此其饮茶除了养生保健，还有一个重要的作用，即提神破睡，此时，茶在坐禅中的功效已开始被认识。不仅如此，在当时的某些寺院中，已经开始种植茶叶。晋代另一位高僧慧远，就曾以东林寺自种的庐山云雾茶款待诗人陶渊明和隐士刘程之，并且话茶吟诗，叙史谈经，通宵达旦，引为乐事。

南北朝时，佛教有了进一步发展，关于佛教僧人饮茶的记载也多了起来。但就饮茶在佛教禅定中的作用而言，仍无

多大改变。《续名僧传》中记载："宋释法瑶，姓杨氏，河东人。永嘉中过江，遇沈台真，台真在武康小山寺，年垂悬车，饭所饮茶。永明中敕吴兴，礼至上京，年七十九。"这条记载说明了僧人饮茶而得长寿，反映僧人将茶作为养生保健的饮品。《广博物志》中的昙济道人也是一位著名的高僧，在八公山东山寺住的时间很长。八公山又名北山，是古代名茶"寿州黄芽"的产地。南朝宋孝武帝的两个儿子到八公山东山寺去拜访昙济，喝了寺里的茶，赞之为甘露。可见，南北朝时随着佛教的进一步流传发展，僧人饮茶成为更加普遍的现象。

发展到唐代，佛法禅意在中国获得更大程度的认可和传播，与之相伴随的是，坐禅饮茶也成为佛教僧人必修的一门功课，可谓是茶可助禅风，而禅可助茶情，禅与茶在唐代达到了一种融合。在《封氏闻见记》的《饮茶》一文中有这样的描述："南人好饮之，北人初不多饮。开元中，泰山灵岩寺有降魔师，大兴禅教，学禅务于不寐，又不夕食，皆许其饮茶。人自怀挟，到处煮饮。从此转相仿效，遂成风俗。自邹、齐、沧、棣，渐至京邑。城市多开店铺，煎茶卖之，不问道俗，投钱取饮。其茶自江、淮而来，舟车相继，所在山积，色额甚多。"从这段话可以看出，盛唐开元年间泰山灵岩寺的降魔禅师在教化弟子之时，鼓励弟子们饮

茶，从而在佛门中进一步推动了饮茶风气的形成。可以说从唐代开始，佛教僧人们已经将茶看做禅修悟道的必备之物，饮茶逐渐发展成为佛教寺院每日的例行习惯。佛寺中设茶堂，供禅僧品茶论佛、招待施主。佛寺中还安排专人负责管理佛前献茶、众中供茶和来客馈茶。在法堂设有茶鼓，在祭祖时献茶汤，或是举行茶礼时击鼓，众僧闻鼓则集众行礼。《西湖春日》记载："春烟寺院敲茶鼓，夕照楼台卓酒旗。"

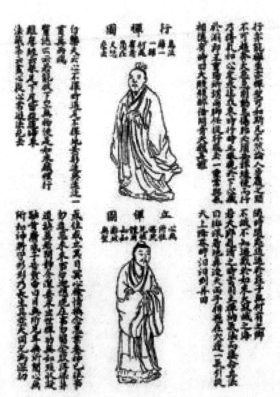

不仅如此，随着佛家对饮茶重视程度的发展，饮茶逐渐演变为禅宗寺院制度的一部分。唐代百丈山（在今江西奉新）怀海禅师曾制定"百丈清规"，其间对禅寺的布局、僧堂的造法，僧人

坐卧起居、长幼次序、饮食坐禅和行事等各种礼法都做了严肃、明确的规范。元朝至元二年，百丈禅师的第十八代法孙东阳德辉禅师在顺宗皇帝的圣旨下重修清规，纂成《敕修百丈清规》，其中对禅寺里的生活行动做了种种规定。茶礼在《敕修百丈清规》中占有极其重要的位置，且种类繁多，形成了独特的禅院茶道。禅门清规还把日常饮茶和待客方法都加以规范，在《禅苑清规》中有较为详细的

记载。清规中对如何出入寮堂，如何问讯，坐姿如何，以及主客座位、点茶、喝茶、收盏、谢茶……规定都十分详细。吃茶的人要排队依次入场，吃茶前后行礼，整个茶礼过程中不得发出声音，秩序井然，气氛庄严。可见，寺院中的茶事是礼仪繁复且庄严的，甚至可以说不啻一种严格的禅修。明代乐纯的《雪庵清史》开列了居士每日必须做的事，其中清课有焚香、煮茗、习静、寻僧、奉佛、参禅、说法、作佛事、翻经、忏悔、放生等。把煮茗放到功课的第二位，足以看出禅门对茶的崇尚。

更进一步的是，佛教的僧人们深化了饮茶的意境，将佛家禅学的精神与茶道合二为一。茶之"洁净"与"冲淡"的特性，表现出一种安逸淡泊之心，以及面对一切名利、纷乱杂扰，得而不喜，失而不忧，从而保持一种平静无虞的心境，摆脱烦恼挂碍，达到与佛教禅法相通的境界。这种禅茶之通，距离"明心见性"进而"顿悟成佛"也就相去不远了。于此，唐代僧人皎然可谓是先行之人。皎然与家喻户晓的茶神陆羽可以说是不相伯仲的，甚至可以说更伟大、更飘逸。

皎然出身在一个中道衰落的贵族家庭，自幼便出家为僧，佛教禅法、诗书才情皆斐然。不仅如此，皎然于茶更是深有研究，他与陆羽交谊甚厚，时常坐而共饮，吟诗和词。其《饮茶歌诮崔石使君》是茶诗中的名篇："一饮涤昏寐，情来朗爽满天地。"既为除昏沉睡意，更为得天地空灵之清爽。"再饮清我神，忽如飞雨洒轻尘。"禅家认为"迷即佛众生，悟即

众生佛"，自己心神清静便是通佛之心了，饮茶为"清我神"，与坐禅的意念是相通的。"三饮便得道，何须苦心破烦恼。"故意去破除烦恼，便不是佛心了 ，"静心"、"自悟"是禅宗主旨。皎然把这一精神贯彻到中国茶道中。所谓道者，事物的本质和规律也。得道，即看破本质。茶人希望通过饮茶把自己与山水、自然、宇宙融为一体，在饮茶中求得心灵宁静、精神开释，这与禅的思想是一致的。

通过对佛教禅意与茶道结合的过程探察，我们发现，形成禅茶文化的过程是逐步推进的过程。晋朝前后的一个阶段，禅与茶的结合，主要在于佛教僧人坐禅、饮茶，此可谓禅茶文化的基石；发展到唐代，茶神陆羽作《茶经》，佛教一些高僧也通过自己的力量推倡饮茶之风，推动了饮茶之风在佛教寺院的发展。而目前可以看到的禅规文献里，也能发现佛教寺院对僧人以茶供佛和点茶等程序、礼

仪加以严格规范，并在佛教禅宗中形成
了样式繁多、礼仪完备的茶礼。后来饮茶
在佛教中不再是简单的饮品，而发展到
佛教僧人修习学禅的必要内容之一，可以
说到这个阶段，茶与禅的结合开始上升
到文化层面。而禅宗六祖慧能大师之后
的第四代传人赵州禅师从谂更是再三称
"吃茶去"，不得不令无数求禅之人于此
歇下狂心、悟见本性。赵州茶从此成为禅
林之著名公案，成为禅人触机开悟之机
缘，而茶也因此融入了禅的开悟层面。禅
与茶经过漫长的融合历史，完成了最终的
结合，形成了一种崭新的文化——禅茶文
化。赵州大师继承佛教寺院饮茶的传统
并将其进一步提高到参禅悟道的高度，
使茶与禅达到了最深刻的碰撞与融合，
开启了我国"茶禅一味"的禅茶文化。禅
林之后继者对"吃茶去"这一机锋法语
的继承和弘扬，使禅茶文化得以不断地
完善和流传。据说，宋代圆悟克勤法师曾

手书"茶禅一味"送给当时随他学法的日本弟子，后辗转传到被日本称之为"茶道之祖"的村田珠光手中，他把克勤法师的墨宝悬挂于自家的茶厅，终日仰怀禅意，终于悟出"佛法存于茶汤"的道理。从此，"茶禅一味"亦成为日本茶道的最高境界。

(二) 茶馆的沿革与分类

茶文化逐渐兴起的同时，随茶而诞生的茶馆文化也古老而灿烂。从历史上看，茶馆称呼多见于长江流域，两广地区一般称为茶楼，京津之地则多称茶亭。此外，有的地方还称为茶肆、茶坊、茶社、茶寮、茶室等。称呼虽然有别，但形式和内容大抵相同。

从茶馆的出现到封建王朝清朝为止，可以将茶馆的由来与沿革总结如下：

中国茶馆的最早出现，可追溯到两晋南北朝，陆羽在《茶经》一书中引用了南北朝时一部神话小说《陵耆老传》中的一个故事："晋元帝时，有老姥每旦独提一器茗往市粥之，市人竞买，自旦至夕，其器不减。"这可能是设茶摊、卖茶水的最早方式，也是茶馆的雏形。

专供喝茶住宿的茶寮可说是古代最早的茶馆，至唐代时才正式形成茶馆，至今也有一千六七百年的历史了。唐代是茶文化承前启后的重要时期，茶馆在这一时期得到了确立，卖茶、饮茶皆十分盛行。当时茶馆名称繁多，茶肆、茶坊、茶楼、茶园、茶室等，但都与旅舍、饭馆结合在一起，尚未完全形成独立经营的情况。

宋时城市集镇大兴，在热闹街市，交易通宵不断，这为茶馆发展提供了一个很好的契机，并且开始了独立经营。接洽、交易、清谈、弹唱都可在茶馆见到，以茶进行人际交往的作用开始凸现出来。那时开封潘楼之东有"从行角茶坊"，曹门街有"北山子茶坊"，这类茶坊，不仅饮茶，还营造了一个私人意境，令茶客陶醉。宋代不仅开封茶馆茶坊兴旺，各地大小城镇几乎都有茶肆，《农讲传》《清明上河图》都形象生动地再现了

那时茶馆的真实情景，宋代的茶馆文化
成为市民茶文化的一个突出标志。

元、明时期的茶馆，与宋代的没有本
质上的差别，但在茶馆经营买卖方面有
较大发展。明末清初，饮茶之风更盛。大
江南北的大小城镇都遍布茶馆。《杭州府
志》记曰："明嘉靖二十一年三月，有姓李
者，忽开茶坊，饮客云集，获利甚厚，远近
效之。旬月之间开五十余所。今则全市大
小茶坊八百余所。各茶坊均有说书人，所
说皆《水浒》《三国》《岳传》《施云案》

等。他县亦多有之。"

清代的茶馆又有了新的发展。到"康乾盛世"之时，清代茶馆呈现出集前代之大成的景观，数量、种类、功能皆蔚为大观。此时的茶馆不仅十分注重环境的选择，并增加了点心的供应。乾隆年间，江南著名的茶肆"鸿福园""春和园"都在文星阁东首，各据一河之胜。茶客凭栏观水，促膝品茗。茶叶有云雾、龙井、梅片、毛尖等，随客所欲；还供应瓜子、烧饼、春卷、水晶糕等多种茶点，茶客饱享口福。除日常饮茶外，清代还曾举行过四次规模盛大的"千叟宴"。其中"不可一日无茶"的乾隆帝在位最后一年，召集所有在世的老臣三千余人列此盛会，赋诗饮茶。乾隆皇帝还于皇宫禁苑的圆明园内修建了一所皇家茶馆——同乐园茶馆，与民同乐。

清代戏曲繁盛，茶馆与戏园同为民众常去的地方，好事者将其合二为一。宋元之时已有戏曲艺人在酒楼、茶肆中做场，及至清代才开始在茶馆内专设戏台。包世臣《都剧赋序》记载，嘉庆年间，北京的戏园即有"其开座卖剧者名茶园"的说法。久而久之，茶园、戏园，二园合一，所以旧时戏园往往又称茶园。后世的"戏园""戏馆"之名即出自"茶园""茶馆"。所以有人说："戏曲是茶汁浇灌起来的一门艺术。"京剧大师梅兰芳的话更具有权威性："最早的戏馆统称茶园，是朋友聚会喝茶谈话的地方，看戏不过是附带性质。""当年的戏馆不卖门票，只收茶钱，听戏的刚进馆子，'看座的'就忙着过来招呼了，先替他找好座儿，再顺手给他铺上一个蓝布垫子，很快地沏来一壶香片茶，最后才递给他一张也不过两个火柴盒这么大的薄黄纸条，这就是那时的戏单。"茶馆发展至明清，还有一异于前代之处，即茶肆数量起码在某些地区已超过酒楼。茶馆的起步晚了酒楼千年，

奋起直追至明清，终得半壁江山。

　　清末至民国初年，江、浙一带的评弹书场，大多是茶馆兼营的。建国后政府对茶馆进行了整顿、改造，取缔了过去消极的、不正常的社会性活动，使其成为人民大众健康向上的文化活动场所。改革开放后，一度消失的茶馆重又复苏，勃发生机。不仅老茶馆、茶楼重放光彩，新型、新潮茶园和茶艺馆也如雨后春笋般涌现。新时期的茶馆无论从形式、内容、经营理念与文化内涵都发生了很大变化，更符合社会发展需要，也更具活力。现代，

在中国，无论是城市，还是乡镇；无论是大路沿线，还是偏僻乡村，几乎都有大小不等的茶馆或茶摊。据不完全统计，仅四川、上海两地就各有茶馆千余家；广东的羊城广州及台湾省的台北，茶馆普及全城；浙江的杭州，近三年内，新落成开张的茶馆就有一百五十余家。在全国范围，一个以品茶为主旋律的茶文化场馆，已经遍地开花。据有关部门统计，目前全国有十二万五千多家茶馆，从业人数达到二百五十多万人，已然成为中国休闲文化

产业的一支生力军。茶馆业为各地国民经济发展和精神文化生活的丰富多彩作出了积极的贡献。茶馆正以它勃勃生机、姿采纷呈吸引着源源不绝的中外客人，以它无穷魅力展示中国这一古老而又充满生机的茶馆文化。

中国茶馆，根据不同情况，有着不同的划分。旧有书茶馆、棋茶馆，还有清茶馆、野茶馆的分类，将在下文介绍北京茶馆时加以介绍。黄建宏博士在《中国茶馆发展研究》中有较为详细的划分，他认为中国茶馆主要有区位茶馆、建筑茶馆、文化茶馆三类。区位茶馆可划分为都市茶馆、景区茶馆、农家茶室、社区茶室、主题茶馆等，建筑茶馆可分为古典式茶馆、乡土式茶馆、欧式茶馆、和式茶馆等，文化茶馆可分为传统文化茶馆、艺能文化茶馆、复合文化茶馆、时尚文化茶馆。在此不做赘述。

二、北方茶馆

（一）北京茶馆

北京是六朝古都，是全国政治、经济文化的中心。"集萃撷英"是北京文化的独特风格，茶文化，以其种类繁多、功能齐全、文化内涵丰富深邃为重要特征。据史料记载，北京的茶馆创始于元明时期，鼎盛于清朝，种类繁多，星罗棋布，遍布于全市大街小巷的各个角落。

老北京式的茶馆，室内一般全是老

式高桌或八仙桌、方凳或大板凳,用大嘴铜壶沏茶。店名老式商业气氛浓厚,如广泰、裕顺等名称,又如天汇、天全、汇丰、同积、海丰等,都是这类茶馆的老字号。到这里来的茶客几乎都是老北京,而且旧时以旗人为多。这种北京老式茶馆,又可分为几大类,有大茶馆、书茶馆、茶酒馆、清茶馆和野茶馆。这些场所主要提供人们休闲、连络、洽商、议事。到茶馆来的人,各行各业都有,有文人墨客、商旅庶民、青年学子等,各选择合乎自己口味的茶馆,因为这些选择的不同形成了

不同的茶馆文化。

书茶馆一般是与听评书相关的，喝茶只不过是其中的一部分。书茶馆，往往在开始说书之前，仅仅是卖些清茶，供过往行人歇息、解渴。开始说书以后，饮茶便与听评书结合，不再单独接待一般茶客。顾客一边听书，一边品茶，以茶提神助兴，此时听书才是主要目的，品茶则为辅了。在书茶馆里，茶客除付茶资外，每唱完一段后，要付书钱一二枚铜元，且不称"茶钱"，而叫"书钱"。

清茶馆顾名思义是专卖清茶的，饮

茶是主要的目的，也有供给各行手艺人提供卖艺机会的。它的店内一般是方桌木凳，壶盏清洁，水沸茶舒，清香四溢。在春、夏、秋三季，茶客较多时，在门外或内院搭上凉棚，前棚坐散客，室内是常客，院内有雅座。每日清晨五时许便挑火开门营业，这时候来的茶客大都是悠闲的老人，少数为一般市民。中午以后，又一批新茶客入店，主要是商人、牙行、小贩，他们来此谈生意，讨论事情。

若是专供茶客下棋的棋茶馆，陈设则比较简陋，但也可以说是朴素清洁，常以圆木或方桩为桌，上绘棋盘，两侧放长凳。茶客则边饮茶边对弈，以茶助弈兴，喝着并不贵的"花茶"或盖碗茶，把棋盘作为另一种人生搏击的战场，暂时忘却生活的烦扰。

野茶馆就是设在野外的茶馆，大都设在风景秀丽的郊外、环境幽僻的瓜棚豆架下、葡萄园、池塘边，是春天踏青、夏季观荷、秋季看红叶、冬天赏雪，品茶雅叙的好去处。这些茶馆也会选择有甜美山泉水、风景好、水质佳之处吸引茶客。另有在公园、凉亭内的季节性茶棚，来此饮茶，欣赏着花红蝶粉，枫火蝉噪，一派田园风光，大有陆放翁和野老闲话桑麻的乐趣，使得终日生活在喧闹中的人们获得一时的清静。

大茶馆是一种多功能的饮茶场所，一方面可以品茶，并搭配品尝其他食物，另一方面也是文人交往、同学聚会、洽谈生意的地方。大茶馆的茶具讲究，大都是盖碗，一则卫生，二则保温。北京以前的大茶馆，以后门外天汇轩为最大，曾一度开办市场，东安门外汇丰轩次之。大茶馆

集饮茶、饮食、社交、娱乐于一身，所以较其他种类茶馆规模大，影响深远，成都、重庆、扬州等地也仍然有这种类型茶馆的踪迹。

话剧《茶馆》是老舍先生的代表作，也是中国现代文学中的杰作。《茶馆》虽说只有三幕，却道出了将近半个世纪的社会发展变迁，通过一个小小的茶馆和来茶馆人物的命运际遇，表现了戊戌变法、军阀混战和抗战胜利后国民党统治下的各种社会现象。时代兴衰，王朝变更，这洋洋大千世界都汇集在他笔下这小小的"裕泰茶馆"里。"大傻杨，打竹板儿，一来来到大茶馆儿。茶座多，真热闹，也有老来也有少。有的说，有的唱，穿着打扮一人一个样。有提笼，有架鸟，蛐蛐蝈蝈也都养的好。"这快板书说的便是旧时北京的老茶馆，你可以观赏到清末民国年间北京的饮茶习俗，感受到北京老茶馆的饮茶氛围及独具特色的北京茶馆文化。

鲁迅先生是北京老茶馆的常客，他在《喝茶》这篇文章写道："有好茶喝，会喝好茶，是一种清福。不过要享这清福，首先必须有工夫，其次是练习出来的特别的感觉。"鲁迅先生去的最多的是青云阁，且在喝茶时多伴吃点心；据说常是结伴而去，至晚方归。历史学家谢兴尧先生在《中山公园的茶座》中说："凡是到过北平的人，哪个不深刻地怀念中山公园的茶馆呢？尤其久住北平的，差不多都以公园的茶座作他们业余的休憩之所或公

共的乐园。有许多曾经周游过世界的中外朋友对我说：世界上最好的地方，是北平，北平顶好的地方是公园，公园中最舒适的是茶座。我个人觉得这种话一点也不过分，一点也不夸诞。因为那地方有清新而和暖的空气，有精致而典雅的景物，有美丽而古朴的建筑，有极摩登与极旧式的各色人等，然而这些还不过是它客观的条件。至于它主观具备的条件，也可说是它'本位的美'，有非别的地方所能赶上的，则是它物质上有四时应节的奇花异木，有几千年几百年的大柏树，每个茶座，除了'茶好'之外，并有它特别出名的点心。而精神方面，使人一到这里，因自然景色非常秀丽和平，可以把一切烦闷的思虑洗涤干净，把一切悲哀的事情暂时忘掉，此时此地，在一张木桌，一只藤椅，一壶香茶上面，似乎得到了极大的安慰。"

　　总之，与社交、饮食相结合的"大

茶馆""茶酒馆",与游艺活动相结合的"清茶馆",与评书等市民文学相结合的"书茶馆",与园林、郊游相结合的"野茶馆",以及与戏剧相结合的"茶戏园"等等,构成了老北京茶馆的整体,其经营形式的多样化,多方面的社会功能,深邃的文化意蕴,绝非一般地方的茶馆可比拟。

（二）天津茶馆

天津建制较晚，它是金元以后由于运河与海防的需要而形成的。它一出现，由于具有得天独厚的地理位置——紧邻京师，辐射三北，便利的海、河运输，很快就成为北方重要的工商业都会。

进入20世纪，天津饮茶之风更为盛行，老天津卫都有一日三油茶的习惯。一日三茶即早茶、午茶和晚茶。早茶期间饮茶者，多是木瓦匠、油漆工，他们往往在

此时来联系工作。有些人来茶楼交流信息，交易古玩。中午，茶楼则增设评书大鼓等节目。晚茶则是名演员、名票友联欢清唱的时机，著名京剧花脸演员侯喜瑞等常是座上客。还有一些茶楼、茶社则是不同阶层人士品茗消闲看报下棋的场所。天津茶楼的茶叶以花茶为主，其中主要有两个品种：花末（包括花茶芯及花三角）、花大叶。可以说，我国花茶的发展同天津人的喜爱与支持是分不开的。

天津茶楼的特点是什么都比别的地方大一号，茶壶大，茶碗大。外地人来天津喝茶，首先吸引他的是那把龙嘴大铜壶，出于好奇，也得品尝一下这茶的味道。茶壶直径在一米以上，放在桌上比人还高，长嘴细口，是茶壶家族中的庞然大物。茶碗是用大号饭碗替代。茶房给客人冲茶，虽没有惊人的技巧，但也有一番功底和技术，一手推壶使之倾斜，一手持碗尽力伸向壶嘴，茶水从壶嘴流淌出来，注入茶碗里，而且不洒不漏，也是一件不容易的事。推茶壶如推山，不用力倒不出茶水，用力过大过猛，茶水飞流得过远，茶碗接不到水。这就要求人与茶壶间的距离和人站的角度要相当，用力要恰当，否则难以奏效。

　　解放前的天津，还有许多茶水摊，遍设于大街小巷，由于所用的都是大海碗，所以通称"大碗茶"，主要是体力劳动者的饮茶场。这些茶摊多设在劳动力密集的地方和边缘交通要道，如东浮桥、小西关一带，是进城卖菜农民憩脚的地方。他们掏出腰里揣的饽饽咸菜，加上一碗大碗茶，边吃边喝，又便宜又热乎。茶水摊用茶多是低档茶末、茶梗，只保有色，不保有味。如今的天津，仍然是北方茶叶的集散地，不但仍保留有众多的茶馆，而且还吸引了外地茶商，甚至外国人来天津开设茶馆。

（三）临清茶馆

山东省临清县在东晋至五代时，干戈云扰，成为兵家相争之地，几乎没有商业性可言。至元、明时期，封建王朝建都北京，全国经济依赖运河，临清处于汶、卫流域，成为重要的交通要道。史称临清商业繁荣之时"帆樯如林，百货山积"，成为北方的一个较重要的商会。各地客商聚集于此，临清的城市经济逐渐发展，茶馆、茶铺也日益增加，成为商人、茶客等休息、交流、娱乐的主要场所。

山东临清历来重视饮茶，但

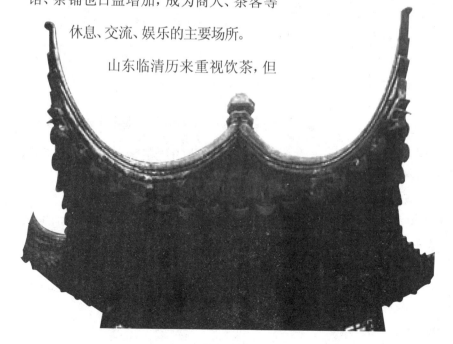

它本地并不产茶，茶叶多从南方或北方茶叶集散地购来。《明清时期的临清商业》一文中说："茶叶来自安徽、福建等地，品种有松罗、雨前、天池等，经营茶叶的店铺大小数十家，其集中于河西者，以山西商人经营的边茶转运贸易为主。茶船到临清，或更舟而北，或舍舟而陆，总以输送北边。其余散处于城内各街的茶叶店及绸布店、缎店、杂货店等代销的茶叶则是为本地服务的，仅专营茶叶的商店就有二十八家之多。"

临清人喝茶，喜欢伴着茶食。临清茶食，"亦名南果，所售糕点皆出自制，境内业此者，颇称发达"。茶食业发达，一定是伴随着饮茶业的兴盛。在临清的茶馆里，茶桌上多为一人一壶一杯，联袂而去的则共沏一壶，人各一杯。茶馆里也允许自带茶叶。茶馆里备有从茶庄购来的份茶，每壶一包，约六分之一两。沏好后，将包茶的纸卡在壶嘴上或茶壶的提环上，以示茶的品种、等级和哪个茶庄的茶叶。在一些茶馆中伴有评书、大鼓书、唱

小曲、下棋等各种活动。在村口及城乡结合部、交通要道、市场周围等地，往往也设有茶馆，供农民、商贩赶集、做生意休息、交流之用。这些茶馆里，往往几人一壶，各执茶碗饮茶，有洽谈生意的，有亲朋好友会聚谈天说地的，有农村郎中行医看病的。在交通要道所设的茶馆，一般备有大碗茶，主要为过往行人解渴歇脚，有时还在旁边备有食品，所以，人们称这类茶馆为茶食点。

现在，临清人饮茶仍然十分普遍。在农村，有的家庭婆媳两把壶，否则喝不过瘾。当地有句谚语："愿舍头牛，不舍二货头。"意思是茶沏两遍，味道正浓，不能扔掉。近年来，农村青年男女兴起到城里来照订婚像，所以照像馆附近成为亲朋好友的集合点。善于经商之人就在此开设茶馆，亲朋好友边喝茶边等待照相、置办彩礼的恋人。因为是喜庆日子，大家都高兴，也舍得花钱，所以买茶特别大方，茶馆的生意也因此十分兴隆。

三、南方茶馆

（一）上海茶馆

茶馆，老上海风情旧景之一。清末，沪城内外，南市北市、沿河傍桥、十字街头茶馆遍布，茶客如云，茗香醉人。旧上海茶馆多以楼、馆、园、阁、居、社称之。茶馆题名亦雅，如：秋月楼、碧玉春、鹏飞白云楼、江南一枝春、品泉楼、香雪海等颇具诗情画意。

据说，上海滩最老的茶馆大概始于

咸丰元年。清同治初年，沪上茶馆开始兴
盛，如著名老茶馆"丽水台"建于洋泾浜
三茅阁桥边，高阁临流，背靠东棋盘街，
坐落于青楼环绕之中，当年茶座间有"绕
楼四面花如海，倚遍栏杆任品题"之句，
成为文人雅士、富绅阔少流连之地，有歌
咏道："茶馆先推丽水台，三层楼阁面河
开，日逢两点钟声后，男女纷纷杂坐来。"
晚清庙园均设茶肆，旧时沪城有"城中庙
园茶肆十居其五"之说。其中，西园湖心

亭是南市茶馆的代表，这西园原来是豫园故址，湖心亭筑于清乾隆四十九年，由大布商祝韫辉等人集资建成。

民国以后至抗战时代的孤岛时期，沪上茶馆业逐渐走向衰落，一些晚清极负盛名的老字号茶馆因门庭冷落纷纷关门，但数量增多的小茶馆及"老虎灶"式的平民茶馆仍能吸引不少社会底层的茶客。在20世纪80年代，沉寂多年的茶文化开始回归与复苏。20世纪90年代初，为适应新的文化意识需要，融合了旧的茶

文化的茶艺馆从台湾、香港传入中国大陆时，立即得到上海各界人士的欢迎，一时间，茶艺、茶艺馆成了人们时常挂在嘴边的"时髦语"。在整个上海市，掀起了学习、宣传茶艺，建茶艺馆的高潮。从1994年开始，上海每年都举办一届国际茶文化艺术节，普及、宣传茶文化知识，举行各种茶艺表演，引来游人如织、观者似潮。

（二）成都茶馆

要说到中国的茶，不得不说的是成都的茶馆。成都茶馆究竟起于何时，尚无确考。西晋时期，成都有挑茶粥担沿街叫卖者，至唐代，茶馆应运而生。《封氏闻见记》说："自邹、齐、沧、棣，渐至京邑。城市多开店铺，煎茶卖之，不问道俗，投钱取饮。"距长安不远，繁华冠九州的锦城（成都）自然也不例外，那里早就有卖茶兼卖药的茶楼。明清以后，成都茶馆遍

及城乡，茶馆是人们消闲、打盹儿、掏耳修脚、斗雀买猫、打牌算命的自由天地和评书、扬琴、清音、杂耍的表演场所；茶馆又是拉皮条、说买卖的民间交易所，也是讲道理、赔礼信、断公道的民间公堂。茶客中有着长袍马褂的宫绅商贾，有穿短衣短裤的力行大哥，有小本经营的老板掌柜，有歪戴帽子斜穿衣的三教九流人物，有手提鸟笼，口吟川戏的阔公子，也有沿街叫卖的小商贩，本地人、下江人，东西交融；老广、老陕，南北荟萃。吃早茶的人天刚亮就往茶馆跑，堂倌老远招

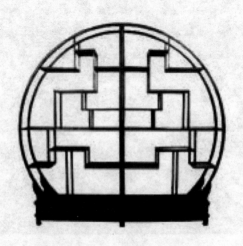

呼茶客们，特别是当地有脸面的绅士、商人争先恐后为熟人付茶费。有一种吃茶不给钱的，此辈不敢正大光明的升堂入坐，而是趁茶客离去，茶馆来不及收走残茶，趁机顶上去接着喝。茶馆无逐客规矩，只要茶客愿意，一碗茶坐一天，堂倌照添不误，因此人们称吃茶又叫坐茶馆。

成都人坐茶馆可大饱耳福：打围鼓、唱川戏、说评书、唱曲艺、打金钱板，真是"锣声、鼓声、檀板声，声声入耳，洲调、曲调、扬琴调，调调开心"。街坊茶肆,三五人一桌,一杯清茶,几碟瓜子花生,谈天说地,评古论今,国事家事,邻里短长,社会新闻,人情世故,都可成为话题。一人讲,众人听,好不热闹。而且一进茶馆,就可找到自己的感觉,好像人人都会吹牛,个个都是侃爷,天南海北,五花八门,说些俏皮话,讲点歇后语,发发牢骚,大家一笑置之,胸中之闷气、怨气、不平之气全消。如此看来,茶馆之妙不仅在于听,尤其在于说。有人说成都茶馆有五大特色:茶叶、茶具、茶壶、茶椅、掺茶师。五大特色里面最有代表性的还得算掺茶师。

掺茶师又称为幺师、堂倌、茶博士，称得上是茶馆里的灵魂。不管来客多少，招呼安坐的是他，并可根据来客的身份安排到最适当的地方。不管多么拥挤，他都可以来去自由，端茶掺水恰到好处。资深的茶博士都有自己的绝招，只见他一手提壶，滴水不洒；另一手端来十来副茶具，四平八稳。客人坐下，他手中的茶船向桌面一撒，恰到好处地停放在每位客人面前。更为神奇的是，离桌一两尺，一条热气腾腾的白色水柱，凌空而下，不偏不倚，注入每人茶碗，不多不少，刚好八九分。在茶馆喝茶，遇上掺茶高手，可大饱眼福，得到一种惬意的享受。

　　有人说成都人一辈子有十分之一的
时间泡在茶馆里，这个话在解放前来说，
并非夸大之词。那个时候，城乡各地，遍
布茶馆，不要说成都的大街小巷找得到
大大小小的茶馆，就是在偏僻的乡镇上，

也必定找得到几家茶馆。随着社会和经济的发展,当今成都饮茶之风日益盛行。在城市中除保留原有的老茶馆外,一大批装饰豪华、典雅大方的现代茶楼、茶坊(内有空调、软座、雅间、插花盆景、高档音响等)如雨后春笋般不断涌现,尤其是四川省会成都,高中档茶楼茶坊数量之多、生意之火爆堪称全国之最。成都涌现的各式茶楼茶坊已成为现代人们议事、休闲、娱乐、交流、会友、传播文化和艺术感受等的场所,更成为这座现代化

国际大都市的一道亮丽的风景线。

当代文学作品也有不少写成都茶馆的，如成都作家沙汀的小说《在其香居茶馆里》，已搬上荧屏，雅安地区荥经籍作家周文的《一家茶店》《茶包》，李劼人的《死水微澜》和陈锦的《成都茶铺》也都写了茶馆。在文艺创作领域，要写出点川味，你就得考虑写茶，其中的捷径就是"泡"茶馆。

茶佛一味，茶与道也不例外。茶多生长在山上，和尚、道士为求虚静，也乐于栖息山林，这样就不期然而然地与茶结下了不解之缘。制出名茶的和尚、道士，为提高所在寺庙、道观以及自己的知名度，神化其说，把茶事融入神话传统中；有的为当地好事者所编造，既流露出对名茶的特殊情感，也寄托了某种宗教意识。成都大邑县城西北的雾中山，也称雾山，所产之茶名"雾山茶"，其味芳香，有除病益寿之效，清王朝列为贡茶，不准民用。雾山开化寺左侧有"八功德泉"，刻石九龙形，水从龙嘴中喷出。明学者杨慎

（升庵）赞此水有一清、二冷、三香、四柔、五甘、六净、七不噎、八除病的特点，因以得名。

传说清朝有个皇帝，活到三十多岁时，长出了几根白头发，他害怕老得快，死得早，不能长久享受当皇帝的荣华富贵，就限令御医在一年之内使他白发转青，办不到就砍头。御医无法，急得到处拜佛求签，希望得到菩萨的指点。一天晚上，御医做了个梦，梦见一个和尚笑嘻嘻地指着西方，伸开大拇指和食指，比画成个"八"字，什么话也没说就不见了。他醒来

后，弄不清是什么意思，四处找人求教。一天在洛阳白马寺碰见一个外来僧人，为之解梦说："贫僧认为，他笑嘻嘻地看着西方，是不是指的佛教圣地西蜀晋原县（今大邑县），听说那晋原县雾山开化寺后山长满了茶树，茶叶味道清香，能除病益寿。他比画的那个'八'字，恐怕就是指山下那'八功德泉'的泉水，你如果取得这股泉水泡上雾山上的茶叶，拿给皇帝喝了，他的白发就会转青。"御医按其所说奏明皇帝，皇帝用后，不到半个月，白

发果然转青了，长期医不好的头痛病也好了。于是册封八功德泉的泉水为神水，雾山茶为贡茶。

"鹤鸣茶"故事则更加神奇美丽。故事的主人公张三丰是明代著名道士，曾在大邑鹤鸣山中教书。他听人说，山下有很多茶树，但只有白鹤停歇过的那一棵才出好茶。一天夜晚，张三丰在回家的路上，偶然看到一棵茶树上歇了几只白鹤，他赶忙把裤腰带解下来拴在那棵茶树上做记号。第二天，他一早起来找到了那棵树，摘下茶叶，炒制后，抓一把放进

碗里，刚把开水冲下去，就看到茶叶慢慢
张开，变成一只白鹤从碗中飞起，落在地
上，一眨眼变成一个白发老头。张三丰晓
得遇见了白鹤仙翁，马上跪在地上，要拜
仙翁为师。老头说："不忙，要我收你做
徒弟，现在还不是时候。"说完就不见了。
张三丰感到很奇怪，端起茶碗喝了一口，
感到异常清香甜润，立刻添了精神。他
想，这一定是仙茶。于是取名"鹤鸣茶"，
又用此茶籽种了许多茶树。有人建议将
茶献给皇上，以讨封赏，他不为所动。而

是用鹤鸣茶治好了不少人的疑难病症，老百姓都非常感谢他。一天白鹤仙翁来对张三丰说："你已经免除了凡间俗气，不贪名求利，我决定收你做徒弟。你要把满山茶树管好，广积善缘，多修功德，等功德圆满，我再来度你成仙。"从此，张三丰一面种茶树，一面采挖中草药，给老百姓治病，穷苦山民都十分敬爱他。后来，白鹤仙翁果真度张三丰成了神仙。

（三）宜宾茶馆

宜宾是万里长江第一城，云贵川物资集散地。据《宋史·食货志》记载，这里在南宋时期，曾是有名的茶马交易市场。据统计，该地区年产茶叶三十六万担，占全川的百分之三十左右。

宜宾人喜欢喝酒，更喜欢喝茶；老年人特别喜欢喝早茶。一杯香茗在手，真是潇洒又风流。这里的茶馆遍布大街小巷，过去很有名气的茶馆达十余家：

"南轩""留园""荣生公""翠羽""乐宾""德园""正大""杨酒楼""火神楼""合叙茱园"等，在人们心目中印象深刻。茶馆开门营业时间比任何店铺都要早得多，每天天刚亮，茶馆里便茶客盈门，高朋满坐。茶馆里的玩友更吸引了不少茶客，十分红火。劳累了一天的人们云集于此，泡上一杯香茶，一边饮茶，一边谛听玩友那悦耳的唱腔，真是心旷神怡，好不自在。

唱玩友，也称打玩友，实际是川剧清唱，是宜宾茶馆一大特色。川剧是四川的地方戏，在民间广泛流传，影响深远。川剧的古典名剧，在人们心目中印象特别深刻。川剧的"昆、高、弹、胡"唱腔曲牌，一般人都能哼上几句。爱好川剧的人们会集在茶馆里来上几段，十分开心。若能有人唱，又有人打锣鼓拉胡琴，就成了完整的玩友班子了，就可唱整本的戏了。不过，这个班子是业余的，它不像江南茶馆里唱"评弹"、北方茶馆里唱"大鼓"的演员都是专业的。他们白天各干各的事，晚上凑在一起唱。玩友班也不像专业剧团那样演员众多，角色齐全，有的一人

兼唱几个角色，司鼓还兼领腔，旦角一般由男人演唱，虽然是业余的，不少人的歌喉还是清脆回润的，唱得也十分动听，很有感情。在茶馆里听玩友，虽然看不见戏中人物的扮像、身段以及舞台演员那一招一式的表演，但是那须生浑厚的唱腔，那小旦悠扬的声调，还有那热烈的锣鼓声，也使人大饱耳福，仿佛观看了一场精彩的演唱会。当然比起名歌星的演唱，其档次要低了，相比之下，似乎有点"下里巴人"，不过更觉乡音亲切，另有一番情趣，真可谓民俗文化。四川茶馆文化，不仅有唱玩友这一种形式，还有唱四川清音的，说禅书的，打金钱板的，打慈梆梆的等多种形式。如今形式又有增多，有音乐茶座，有录像，有麻朴……不过唱玩友还是受到大众普遍欢迎的。

（四）广东茶馆

我国是茶叶的故乡，而广州是海上茶叶之路的起点，当今世界茶叶产量最大的印度，也是18世纪从广州运去茶籽后才开始种植的。广州饮茶风气盛行，广州人不分春夏秋冬，每天从四点多钟起，就陆续守候在茶馆门前等待开门。全市几百家茶馆，向来座无虚席，熙熙攘攘的，直闹到茶馆关门。广州人为什么喜欢上茶楼？这里有一个古代传说：广州古属南

越。据说南越王赵佗很喜欢喝茶，但是他喜欢每天早晨带一帮僚属们到临江的小楼上边煮边饮。有一次，当赵佗饮得兴趣正浓的时候，走向小楼的晒台凭栏远眺，只见浩瀚的珠江在朝阳的辉映下，波光闪闪，有如万千珍珠在江面上闪耀；千帆竞渡，恰似万马奔腾。此时赵佗胸中也如涌起万顷波涛，激奋异常，转身从侍从手中的竹篮里抓起一把鲜灵滴翠的茶叶撒向江心，突然，片片茶叶变成无数的仙鹤在江面上飞翔,把美丽的珠江衬托得更加妖娆动人。不久,这群仙鹤又变成了仙女,袅袅地飘落到赵佗身旁,托着茶盘为赵佗歌舞、献茶。这个故事传开后,不知从何时开始,广州的居民们也天天清早来到茶楼煮茗酌饮,像仙鹤般婀娜的茶楼侍女们款款地向茶客们敬茶,如同传说中所说的,广州的茶楼兴盛起来了。

清代同治、光绪年间，广州的"二厘馆"茶馆已普遍存在。所谓"二厘馆"，是指当时在肉菜市场开设的简陋的茶馆，它以茶价低廉，只收二厘钱得名。这种茶馆一般只有几张桌子、几条凳子，供下层劳动人民休息、交流之用。它是大众化的茶馆，用广东石湾制的绿釉茶壶泡茶，同时供应芽菜粉、松糕、大包等价廉物美的大众化食品，这就是广州近代"吃早茶"的起源。

广州第一家像样的茶楼叫"三元楼",地点在当时的商业中心十三行,时间是清朝光绪年间。这间茶楼门面为三层建筑,当时被称为"高楼",装饰得金光灿烂,内里家俱陈设都是酸枝木做的,高雅名贵。有了三元楼以后,大家才开始把茶室叫做茶楼,把饮茶称作"上高楼"。稍后一点,又有陶陶居、陆羽居、天然居、怡香居、福如楼等,因多有一个"居"字,所以广州人又把茶楼叫做茶居。这些茶楼,大都建筑豪华,铺陈富丽,浮雕彩门、镜屏字画、时花盆景布满厅堂,在当时的茶楼中都是堪称一流的。

广州人上茶楼十分考究,首先要求"茶规水滚"。所谓"茶规",就是茶的品质要上乘,并能满足茶客的不同口味;所谓"水滚",就是泡茶的水要"滚开",特别是煮至刚冒气泡的"虾眼水"为最好,他们认为这样的茶水泡出的茶才能

领略到茶的真味。而冲茶时，则要水壶悬空，让沸水飞泻入壶，这种冲茶方式，据说能使茶叶上下翻动，充分泡出味来。

在广州茶楼，你会发现个奇特的现象，那就是茶楼的服务员为茶客斟茶时，不为茶客揭茶壶盖冲水，如茶客要添水，必须自己动手打开壶盖，架在壶上，服务员一看见，就心领神会，过来取走茶壶并添上开水。这并非是广州茶楼的服务不佳，而是来源于当地的一个习俗。据说，在清末光绪年间，广州有一家入香楼，生意十分兴旺。城里的商贾巨头和纨绔子弟不但经常到这里品茶，而且还喜欢在茶楼斗鹌鹑，并下注赌博。当时，有一恶霸自恃与省抚台有亲属关系，经常仗势欺行，向汉人敲诈勒索。他见入香楼生意甚好，眼红心妒，就设计寻衅。一天，他到此饮茶时，偷偷将一只鹌鹑放在茶盅里，当跑堂来揭盅冲水时，鹌鹑突然飞出窗外，这个恶少便以跑堂的弄飞了他的鹌鹑为由，命其爪牙将跑堂的毒打了一顿，并向茶楼老板强索了一笔巨额赔款，才善罢甘休。消息一传十，十传百，传遍了各家茶楼。为了避免发生类似事件，他们互相通气，决定从此不再主动为茶客揭盖冲开水，此习俗便一直延续下来。

四、施茶活动

（一）路边茶亭施茶

我国古代建筑中的"亭"的建筑，有悠久的历史，早在秦汉时期，就有"十里一亭，十亭一乡"之说，而且长亭连短亭，以"亭"为邮驿进行管理，"亭"也成了人们旅途中歇脚的地方。在交通闭塞、交通工具缺乏的封建社会，人们主要以马车、双脚等为交通工具，行动特别迟缓，如果路途遥远，需要花很长的时间到达。

为了便于人们中途休息、解渴，各地（特别是南方产茶地区）在主要商旅通途、交通要道建凉亭、茶亭、风雨亭。每当旅客到茶亭歇脚时，大汗淋漓，喉干舌燥，喝上一碗茶会感到心旷神怡，精神倍增。

关于茶亭的起源，众说不一，但至少有一千多年的历史了。据史料记载，早在五代之时，江西婺源有一位方姓阿婆，为人慈善，在赣浙边界浙岭的路亭设摊供茶，经年不辍，凡穷儒肩夫分文不取。她死后葬于岭上，人怀其德，堆石为冢，县

志称该墓为"方婆冢"。方婆在浙岭茶亭烧茶礼客影响深远，有的乡人效仿其德，在茶亭中挂起"方婆遗风"的茶帘旗。茶亭的建筑风格一般以古朴大方为主，像前面提到的婺源茶亭那样华美的，还是较少的。

茶亭盛茶的器具都是大瓦缸或木桶，一次可盛水四五十斤。盛茶的容器内备有舀茶的工具，这些工具不像城市茶馆里那么讲究，而是因地制宜。山区一般用竹筒制作的勺子或木制的水瓢；丘陵地区一般将老北瓜一劈两半，去其瓜瓤，便成了瓜瓢。舀茶的工具上都拴有一根麻绳，麻绳的另一端吊有石头或木块，让其垂在缸外，以防舀茶工具掉入缸内影响茶水卫生。喝茶的工具是大粗瓷碗或竹筒碗，也用麻绳系着吊在茶桶或茶缸边，防止掉在地上。茶亭供应的茶叶，一般都是粗老茶叶，是本地村姑自采自制的茶叶，具有"颜色碧而天然，口味醇而浓郁，水叶清而润厚"的特色。茶亭中的水，也是就地取材，有的是山泉水，也有的是溪涧源头水。所用茶叶虽差些，但泡出的茶并不难喝。来茶亭喝茶的人，可以说是各种各样，但主要是中下层，特别是出以卖劳动力为生的下层百姓，他们当然不可能是品茗，只是为了消暑解渴。

茶凉亭多为人们积功德而出资兴建，其茶水自然免费供应。至于茶凉亭的执行人，一般由公众挑选，他们有的吃住

都在茶亭里。茶亭的执行人要为人正派，热情为公众服务，且讲究卫生，一般被人们称为茶老板。他们除砍柴、挑水、烧茶外，如遇婚丧大事，或结婚抬轿者经过，或抬死人路过，主人都要施礼。过路人发了急病或有特殊情况，茶老板一家也有义务尽职责予以帮助。当然，也有人为了谋生，于茶亭中卖茶。如庐山三宝树下的廊茶亭，是一座扇形、长廊状的大茶亭，内有木栏杆、石桌、石凳，供游人在亭间就

坐休息。亭的周围有山民在这里用名泉沏的"庐山云雾茶",卖给游客饮用。

茶亭如同茶馆一样,有丰富多彩的茶联文化,茶联往往写在楹柱、亭柱上。有的咏物,有的说理,有的劝勉。如福州南门外有一茶亭,柱联是这样写的:山好好,水好好;开门一笑无烦恼。来匆匆,去匆匆;饮茶几杯各西东。这副茶联一语道破了茶亭所处的位置——丛山野外,也道出了茶客为匆匆过客。在广东秀水县的五眼桥通往路边的一座茶亭石柱上,镌刻着一副对联,从另一个角度解说了茶亭的特点:不费一文钱,过客莫嫌茶叶淡。且停双脚履,劝君休说路途长。茶亭的茶联也有很多为当时的名人所撰,博大精深。如英山陶家坊茶凉亭楹联云:三楚远来肩且息,六安前去味先尝。这副茶联相传为清末宦官、名儒李仕彬所撰。

茶亭的粗茶大碗为人解渴的古朴民

风是中华茶文化的重要内容之一，反映了中华民族乐善好施的美德，一直为人们所称赞、怀念。有一位学者曾这样写道："日行上百里，累坏腰和眼。夜里挑脚泡，清晨又跛起。交通闭塞味，学人时忆起。幸有茶凉亭，茶水随你喝。亭里歇阴凉，称心又快意。饮水细思源，慈善好集体。"纯朴独特的建筑、乐施好善的民风，使中国茶亭名气远扬。德国普鲁士国王腓特烈大帝曾在他的避暑行宫——波茨坦的桑苏西宫（又名无忧宫）里，建造

了一座"中国茶亭",这个茶亭整个建筑呈圆形,双层波顶,廊柱回环,墙体是淡绿色,所有的门窗和廊柱都以金色装饰得金碧辉煌,远远望去,好像一座蒙古包。这个"茶亭"虽以亭名,实际上要比中国的"亭子"高大得多,也复杂得多,廊柱墙壁处,镂刻着精细的纹饰和浮雕。最有意思的是环绕着圆形茶室,竖立着十余尊与真人一般大小的人像雕塑,一个个穿着阔袖长袍,带着奇形怪状的冠冕,手中还分别拿着各种东方的乐器,有锣、古筝、琵琶等。最奇特的是这些人的长相,全都是高鼻凹目的洋人模样,其中一个人还戴着清朝官帽,吹着一支既像唢呐又像单簧管的乐器,真是中西合璧。在茶亭外边的空地上,还摆着一尊中国大香炉,上面刻着"大清雍正元年"。

今天,在我国各地,仍然可以寻觅到茶亭的踪影。如在南京栖霞寺后,筑有一水泥红柱四角亭,它就是供游客歇脚

解渴之用的。在浙江温州永嘉县岩头镇南北各有一个建于南宋年间的古凉亭，每年的端午节至重阳节期间，当地村民们义务在凉亭里烧水泡茶免费供路人饮用，这种纯朴的民风流传至今，在浙南地区传为佳话。即使在大家都忙于致富的今天，当地村民仍把轮流烧水供茶的"接待日"看做是家中的一件大事。有的人抄下"值日日期"压在玻璃板下，有的外出村民干脆抄下来像身份证一样随身携带，从未有人忘记供茶这一义务。轮到烧茶的村民，凌晨五点就来凉亭烧茶，自备茶叶，有的还带来白糖用以泡茶。

（二）寺庙茶堂施茶

佛教主张放经、律、论三藏，修持戒、定、慧三学，以断除烦恼得道成佛为最终目的。它讲究轮回，认为善有善报、恶有恶报，只有一心为善，死后才能成佛。施茶这种简单易行的结善缘方式便被僧人们所普遍接受。

在寺庙里，专门设"茶堂""茶寮"作为以茶礼宾的场所，配有"茶头"僧，专事烧水煮茶，以备献茶待客；有"施茶"僧专为游人香客惠施茶水；有名僧著茶书、写茶文、作茶诗。如唐代五台山接待香客的普通院，常设茶水用以供应朝圣的香客。寺庙还不定时地举行茶会，招待各方来宾，其规模大小不等。规模最大的恐怕要算西藏拉萨的寺院茶会，其熬茶水的器具是直径五尺、高约四尺的铜制茶釜。明末清初，在西藏的大喇嘛寺里举行过一次四千人参加的茶会，据说，曾有一个

小喇嘛在茶釜里舀茶，疲劳至极，掉到茶釜里淹死了。

除了在寺庙内施茶外，僧人们还各处施茶。如在城乡人烟稠密的闹市区，不少僧人在集市上广设摊点施茶，作为修缘行善的途径。在潮州龙溪至今留有两处古迹：施茶庵、赐茶庵。《庵埠志·宗教篇》记载，明代僧人成安佩常在赐茶庵处施茶，住许垅的庄典未得志时常到此品饮。弘治年间，庄典登进士，成安佩已去世，庄典于是建赐茶庵以纪念他。

各地的茶庵也是僧人施茶的主要场所之一。在云南大理地区，据《徐霞客游记》记载，也有许多茶庵，它们多建在山上，远离村寨，与寺庙相隔不远。茶庵较简陋，一般为茅屋三间，多为僧人所建，也有的是地方官、名儒等人修建。僧人们在这些茶庵里煮茶水，为上山朝拜的香客、游人提供方便。一直到今天，当夏季来临时，南昌的佑民寺、南海行宫等寺

院，僧人们常常在门前为过往行人提供各种茶水，有红茶、香片茶、神典茶、午时茶等，统称"功德茶"。

（三）庙会茶棚施茶

关于庙会，朱越利先生有一个较完整的解释，他说："庙会是我国传统的民众节日形式之一。它是由宗教节日的宗教活动引起并包括这些内容在内的在寺庙内或其附近举行酬神、娱神、求神、娱乐、游冶、集市等活动的群众集会。被引起的活动可能只有一项，也可能有两项或多项。"可见，在庙会期间，人山人海，热闹非凡，一些方便香客、商人、游客的设施也应运而生，这里面也包括提供茶水的茶棚。

茶棚主要设在进出庙会的道路两旁及庙会所在地，建筑一般很简陋，多用苦苇、帆布或茅草等结扎而成的圆筒形建筑。大多数茶棚都是倚门设灶，灶上置锅，旁边放一些食物。个别茶棚把灶搭在棚外，其上置长嘴高柄的大茶汤壶，供应开水。另外一种茶棚是凉棚式的，里面摆着几条长凳，几张长桌，供过往行人歇脚品茶。在茶棚里，除了免费供应茶之外，还有各种茶汤提供，用开水一冲即可食，如油面茶、米面茶、豆面茶等等。茶食主

要以粥为主，有黄米粥、玉米粥、豆汁粥等。一些老字号招牌的茶社饭棚，还提供菜肴糕点，可在此设宴酬宾。

庙会一般时间较长，最短的也有几天。为了方便大家住宿，每年开庙之日，除了部分庙堂可暂供香客住宿休息外，各茶棚也是香客们主要的食宿场所。接受各茶会、茶棚施茶的，主要是一些乡民百姓，也有一些官吏、侍从。由于庙会是定期举行的，所以庙会的施茶活动也因时而行。

五、茶馆的现代发展

　　茶是从药饮开始进入人们的生活的，唐代，茶已从药饮、解渴而进入品饮。嗜茶的僧侣和文士很早就开始钻研烹茶的技艺，他们互相切磋交流，逐渐摸索总结出一套有程序的烹茶、煎茶的方法。盛唐以后，陆续出现了崔国浦、刘伯当、释皎然、李约、陆羽、蒯白齐、顾况、卢仝、皮日休等一大批精谙茶术的专家。他们开始只是烹茶待客，相互交流时一显身手，而陆羽由于"茶术尤著"，最终成为朝野闻名的茶术表演家，他随身携带一套茶具出入王公大臣的府第，在一些重要场合当众表演。陆羽还曾在代宗、德宗朝时两度赴京师为皇帝和达官显贵表演茶术。至唐末，刘贞亮写了一篇《茶十德》的文章，把陆羽《茶经》中关于"精行俭德"加以引申，从而把茶文化上升到精神世界和美学角度。

宋代，"斗茶"已成为民间百姓竞技于品饮的方式，也是当时茶叶品评的最

高形式。斗茶决定胜负的标准，按蔡襄《茶录》中指出："视其面色鲜白，着盏无水痕为绝佳。建安斗试，以水痕先者为负，耐久者为胜。"总之，主要是看两点：一是"汤色"，以纯白如乳为上。这样的汤色表明茶质鲜嫩，制作精良。二是"汤花"，这是指汤面泛起的泡沫（花沫）。汤花泛起后，要看茶盏内沿水的痕迹出现得早晚，如果茶末研碾细腻，点汤、搅动都恰到好处，汤花匀细，就会紧咬盏沿，而且久聚不散，这种效果叫做"咬盏"。

汤花散退较快，随点随散的叫做"云脚涣散"。汤花散退后，茶盏内沿与汤相接处就会咎出"水痕"，也称"水脚"。斗茶胜负的关键就在于所用的茶质、水质、茶具以及斗茶人能否掌握好"点茶""点汤""击拂"三项技艺。

明清时期，茶事更盛，各地呈现出异彩纷呈的茶艺文化。如闽南、粤东的"功夫茶","杯小如胡桃,壶小如香橼。每斟无一两,上口不忍邃咽,先嗅其香,再试其味,徐徐咀嚼而体贴之。果然清香扑鼻,舌有余甘。一杯之后,再试一二杯,令人释燥平矜,怡情悦性"。

茶馆到现代,逐渐发展成为茶道馆、茶艺馆。现代茶艺除了保留了以前茶艺自然、朴素的本性外,还更趋向科学化、艺术化,成为集美学、文学、哲学于一体的精致文化。

　　茶道馆，是当代茶馆的一种新形式。顾名思义，茶道馆是以研究、体现和弘扬、传播中国茶道精神为主，经营服务为辅之场所。"研究"与"弘扬"是茶道馆的灵魂。因此，茶道馆更需要科学的研究方法和实证方法，以形成"视界的融合"，才有可能搭建起良好的中国茶道结构与完美的体系，亦即茶道哲学，实现茶史的真实和逻辑的合理统一。显然，茶在这里，已超越了自身固有的物质属性，为人类的文明形态提供了长久的发展动力和有效的协调机制。茶道精神应该通过茶道馆积极地参与到现实生活中去，并成为大家公认的准则。在当代，茶道哲学的首要功能是为中国茶文化发展提供核心的文化理念——和本位。和本位的体制应该真正建立起来，客观实际要求现代茶道馆务必拥有高水平的顾问团、茶艺团、制茶师、壶艺师、经济师和培训师资队伍。

所谓茶艺，就是茶的品饮艺术，讲究茶叶品质、冲泡方法、茶具玩赏、场面陈设、敬茶礼节、品饮情趣以及精神陶冶等。现代茶艺主要有两种表现形式，一种是作为表演的茶艺，另一种是生活的茶艺。作为表演的茶艺，它是艺术的，具有较强的观赏性。茶艺表演者通过泡茶、喝茶过程与器皿、环境等，加上适当的音乐、服饰，创造出一种素朴、典雅的意境，使观赏者与表演者产生一种心灵的默契，共同走进那诗的韵律、散文般的意境中。表演者和观赏者同时得到高雅的精神享受。生活的茶艺随处可见，如客来敬茶（包括白族三道茶、畲族婚礼茶、彝族的烤茶等）、茶话会、诗会等。茶艺是生活内涵改善的实质表现，在现代经济大潮中，更能给人以高尚的精神享受，所以，当它重新被人提出，并加以宣传后，立即得到许多人的好评，以展现茶艺、宣传茶艺为主要目的的茶艺馆应运而生。

　　茶艺馆首先出现在中国台湾省。20世纪70年代后期,台湾省在文学上发生了回归乡土运动,此运动深深地影响了台湾居民的生活。他们一改一味崇洋的生活习惯,开始对中国传统生活习惯产生浓厚的兴趣。在这种形势下,70年代末、80年代初,品茶风尚大兴,在都市中以惊人的速度流行起了现代茶馆——茶艺馆,它将品茶艺术及相关茶文化推向一个新的高度。20世纪90年代,这个风潮也影响了中国大陆茶文化的复苏,很快在各地出

现了不同规模的茶艺馆。近几年来，许多广东人一改大饮大啜的风格，转向慢斟细品，追求品茗的美妙境界。茶艺馆已成为都市的一大特别景观和都市居民休闲的又一高雅场所。

从茶馆到茶道馆、茶艺馆，这是一种茶文化的演进，也是一个把茶饮日渐推向生活，再从生活融进文化艺术审美的精神领域的过程，这可以从茶艺馆的特点得知。纵观各地茶艺馆，一般有以下几个特点：首先，茶艺馆也以品茗为主，也结合民族饮食文化，但特别强调文化气氛，不单在外表装潢，更注重内在文化韵味。设置名家字画，陈列民俗工艺品、古玩、精品茶具和珍贵茶叶，并提供完整的茶艺知识。茶馆服务也注重文化色彩，讲究茶法。其次，茶艺馆除了洽谈公事、以茶会友等社会性功能外，特别强调形成一个着重精神层面的小型文化交流中心，开拓和丰富了人们精神生活层面的内

容。

在茶道馆、茶艺馆里品茶，你既看不
到北方茶馆的吃喝阵阵，也听不到南方
茶楼的喧闹声声，更看不见宴席上常见的
那种猜拳行令、觥筹交错的劝酒场面，一
切都在安详、平和、轻松、优雅的气氛之
中，茶客如同进入了大自然中，感到全身
轻松、惬意。所以茶艺馆一出现，就得到
了众多茶客的赞赏。茶艺馆摒弃了陈旧落
后的东西，充实了社会需要的新内容，使
茶馆的文化精神内涵更为丰富，其活力也
更强了，体现了社会文化生活上的巨大变
化，这既是一种趋势，又是人类社会文明
进步的表现。因此，这
是历史文化的积淀，是
艺术的展示，是追求丰
富精神生活的反映，也
是茶文化史上重要的里
程碑。

一座茶馆，便是一

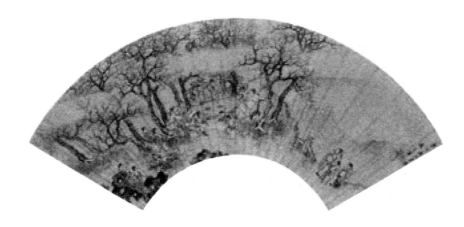

个小社会，它是中国文化的窗口。

浩如烟海的唐诗，吟咏饮茶的诗歌，比比皆是。"诗仙"李白，用现实主义与浪漫主义相结合的手法，在《答族侄僧中孚赠玉泉寺仙人掌茶并序》中说饮茶"能还童、振枯、扶人寿也"。现实主义大诗人白居易一生嗜茶，写有几十篇饮茶诗，诗中写道："琴里知闻唯渌水，茶中故旧是蒙山（四川蒙山茶是著名贡品）。穷通行止长相伴，谁道吾今无往返。"表明听琴、饮茶是他一生修养道德情操的伴物。大书法家颜真卿写有"冷花邀坐客，代饮引清言"，这显然是为茶馆写的对联了。

茶馆文化是茶文化的重要组成部分，也是社会文明的重要内容之一。

茶馆文化可端正人的思想与行为，强化道德自律，提高人们思想道德素养。茶叶是大自然赐给人类的健康食品，不仅香气袭人，滋味醇厚，还含有多种有益人体的营养成分，长期饮用可静心养气，修身养性，提神醒目，对人们的健康大有

裨益。陆羽《茶经》中写道:"茶之为饮,最为精行俭德之人。"唐朝刘贞亮对饮茶的好处概括了"十德":以茶散郁气,以茶驱睡气,以茶养生气,以茶除病气,以茶利礼仁,以茶表敬意,以茶尝滋味,以茶养身体,以茶可行道,以茶可雅志。可见古人不仅把饮茶作为养生之术,而且也作为修身之道了。

茶馆文化,可以领悟和品味人生真谛,茶味先苦涩而后回甘,恰如人生之旅程。人生如茶,有淡淡的愁苦,也有咀嚼不尽的温馨。茶味之苦涩回甘,启示人们把苦涩吞在心里,将浓郁的清香与甘甜

贡献给人间，以乐观向上、无私奉献的高尚情操去创造甜蜜生活。茶馆文化推动着社会文明的发展与进步。清茶一杯，是古代清官的廉政之举，也是现代提倡精神文明的高尚表现。

中国的茶馆文化历史悠久，源远流长，深受全世界人民的喜爱。

早在清朝，就有华人到国外开茶馆。如王韬《漫游随录图记》中记载，曾在巴黎见到一家宁波人开的茶馆，馆主依然穿着华服，保持中国的传统文化。他在另一书《扶桑游记》中又描述在日本的茶馆，茶馆中的茶具，都制作得十分精雅，如同粤之潮州、闽之泉漳的茶具，而茶馆的服务则是日本式的，可谓中外合璧。

纵观当今的茶馆，大致可分为五种形式：一是历史悠久的老茶馆，多保存旧时的风格，乡土气息浓厚，是普通百姓特别是老年人休憩、安度晚年的天地。二是近年来新建的茶室，通常采用现代建筑，四周辅以假山、喷泉、花草、树木，室内陈有鲜花字画，除供茶水外，还兼营茶食，可谓是一种高雅的多功能的饮食、休息场所，适合高层次的茶客光顾。三是设在交通要道、车船码头、旅游景点等处的流动性茶摊，虽谈不上有什么设施，主要为行人解渴，但也受到人们的欢迎。四是露天茶座、棋园茶座和音乐茶座，这类茶座，坐的是软垫靠椅，摆的是玻璃面小桌，用的是细瓷玻璃茶杯，品的是茶中极品，这种供品茗约会、切磋技艺、休息娱乐的地方，特别受到青年人的欢迎。五是

由台湾省传入的茶艺馆，主要是文化界、茶业界等人士品茗、切磋茶艺、宣传茶文化的场所。这种茶馆一般环境优雅，讲究茶叶、茶具、茶水、茶道。

一座茶馆，就是民间议论纵横之地，消息荟萃的中心，是社会的一个缩影。

进茶馆的人，既有文人墨客，也有普通百姓，三教九流，汇集一堂。古今中外，天南海北，乡村逸事，城市趣闻，说书传艺，世事变迁，人间悲欢，人人都可敞开心扉，无拘无束。在品香茗、尝佳肴的美好享受中得到沟通，气氛十分热闹，十分融和，人们可以获得书本上学不到的知识。这是何等的乐事！老舍笔下的茶馆虽然已经衰败，但茶馆本身却并未随着封建社会一起消失，而是以自身的改进跟上时代，适应时代变化，使今天的我们仍能在饭膳工作之余，泡上一壶清茶，领略个中的情趣。可以相信，中国民俗文化的窗口——茶馆，必将前程似锦。